15030

Luftwaffe's Baptism of Fire Part I

Maciej Góralczyk, Andrzej Sadło, Janusz Światłoń, Arkadiusz Wróbel

First Edition Lublin 2012

Color profiles: Andrzej Sadło, Janusz Światłoń, Arkadiusz Wróbel

Series Editor: Damian Majsak, Maciej Góralczyk

English text: Maciej Góralczyk

Design: KAGERO STUDIO, Marcin Wachowicz

OW KAGERO, ul. Mełgiewska 9F, 20-209 Lublin

Distribution: KAGERO Publishing Sp. z o.o., ul. Mełgiewska 9F, 20-209 Lublin tel./fax (+48) 81 749 11 81, tel. (+48) 81 749 20 20

ISBN: 978-83-62878-29-1

mini TOPCOLORS

Luftwaffe's Baptism of Fire

Part I

References:

Arráez Cerda, J. *Les Chasseurs de la Legion Condor*, Rennes 1982.
Arráez Cerda, J. *Les Messerschmitt Espagnols. Du premier 109-V aux derniers Buchon*, Boulogne sur Mer 1997.
Dressel, J. *Stuka!*, London 1989.
Eimannsberger, L. v. *Zerstörergruppe: A History of V./(Z)LG 1 – I./NJG 3 1939-1941*, Atglen 1998.
Forsyth, R. *Aces of the Legion Condor*, Oxford 2011.
Jackson, R. *Ju 87 Stuka*, Ramsbury 2004.
Laureau, P. *Legion Condor. The Luftwaffe in Spain 1936-1939*, Ottringham 2000.
Mombeek, E., Smith, J.R. & Creek, E.J. *Jagdwaffe Volume One Section 2: The Spanish Civil War*, Crowborough 1999.
Prien, J., Rodeike, P., Stemmer, G. & Bock, W. *Die Jagdfliegerverbände der Deutschen Luftwaffe 1934 bis 1945 Teil 1, Vorkriegszeit und Einsatz über Polen – 1934 bis 1939*, Eutin 2000.
Prien, J., Rodeike, P., Stemmer, G. & Bock, W. *Die Jagdfliegerverbände der Deutschen Luftwaffe 1934 bis 1945 Teil 2, Der „Sitzkrieg" 1.9.1939 bis 9.5.1940*, Eutin 2001.
Ries, K. & Ring, H. *Legion Condor 1936-1939. Eine ilustrierte Dokumentation*, Mainz 1980.
Smith, P. C. *Stuka, Volume One: Luftwaffe Ju 87 Dive-Bomber Units 1939-1941*, Hersham 2007.
Vasco, J. J. *Zerstörer, Volume One: Luftwaffe Fighter Bombers and Destroyers 1936-1940*, Hersham 2005.
Vasco, J. J. & Cornwell, P. D. *Zerstörer. The Messerschmitt 110 and its Units in 1940*, Norwich 1995.
Waiss, W. *Aus dem Boelcke-Archiv Band II: Chronik Kampfgeschwader Nr. 27 Boelcke: Teil 1: 1934-31.12.1940*, Neuss 2000.
Waiss, W. *Aus dem Boelcke-Archiv Band III: Chronik Kampfgeschwader Nr. 27 Boelcke: Teil 2: 01.01.1941-31.12.1941*, Neuss 2000.
Batailles Aériennes N° 57: L'histoire de la Jagdgeschwader 53 ‚Pik As', Outreau 2011.
Luftwaffe im Focus Edition 7, Bad Zwischenahn 2005.
Luftwaffe im Focus Edition 14, Bad Zwischenahn 2008.
bf-109.de

Painted by Arkadiusz Wróbel

Printed by CARTOGRAF Mini TOPCOLORS No.30 (1/2) 1:32, 1:48, 1:72 Luftwaffe's Baptism of Fire Part I KAGERO ®

Junkers Ju 87 B-1; coded '29•8' of 5. K/88, Sanjurjo airfield, Zaragoza, Spain, late 1938.

This machine was the first Ju 87 B send to Spain in October 1938. It carried standard camouflage consisting of RLM 70 and 71 patches on the uppersurfaces with RLM 65 underside and white wingtips. A standard set of identification markings was also applied on the aircraft. It is possible that the emblem of the 'Jolanthe Kette' was painted only on the port side of the left main landing gear fairing. A pig named Jolanthe was a comedy character of a popular stage play 'Krach um Jolanthe', which was brought to the screen in 1934.

Junkers Ju 87 B-1; o kodzie bocznym „29•8" z 5. K/88, lotnisko Sanjurjo, Saragossa, Hiszpania, koniec 1938 roku.

Ten samolot był pierwszym Ju 87 w wersji B, który trafił do Hiszpanii w październiku 1938 roku. Nosił standardowy kamuflaż składający się z plam RLM 70 i RLM 71 na górnych powierzchniach i RLM 65 na dolnych powierzchniach. Na maszynę naniesiono typowy zestaw oznaczeń identyfikacyjnych Legionu Kondor, w tym również końcówki skrzydeł w kolorze białym. Możliwe, że godło „Jolanthe Kette" namalowano jedynie z lewej strony osłony lewej goleni podwozia głównego. Świnia o imieniu Jolanthe była bohaterką popularnej komedii scenicznej pod tytułem „Krach um Jolanthe", która została przeniesiona na srebrny ekran w 1934 roku.

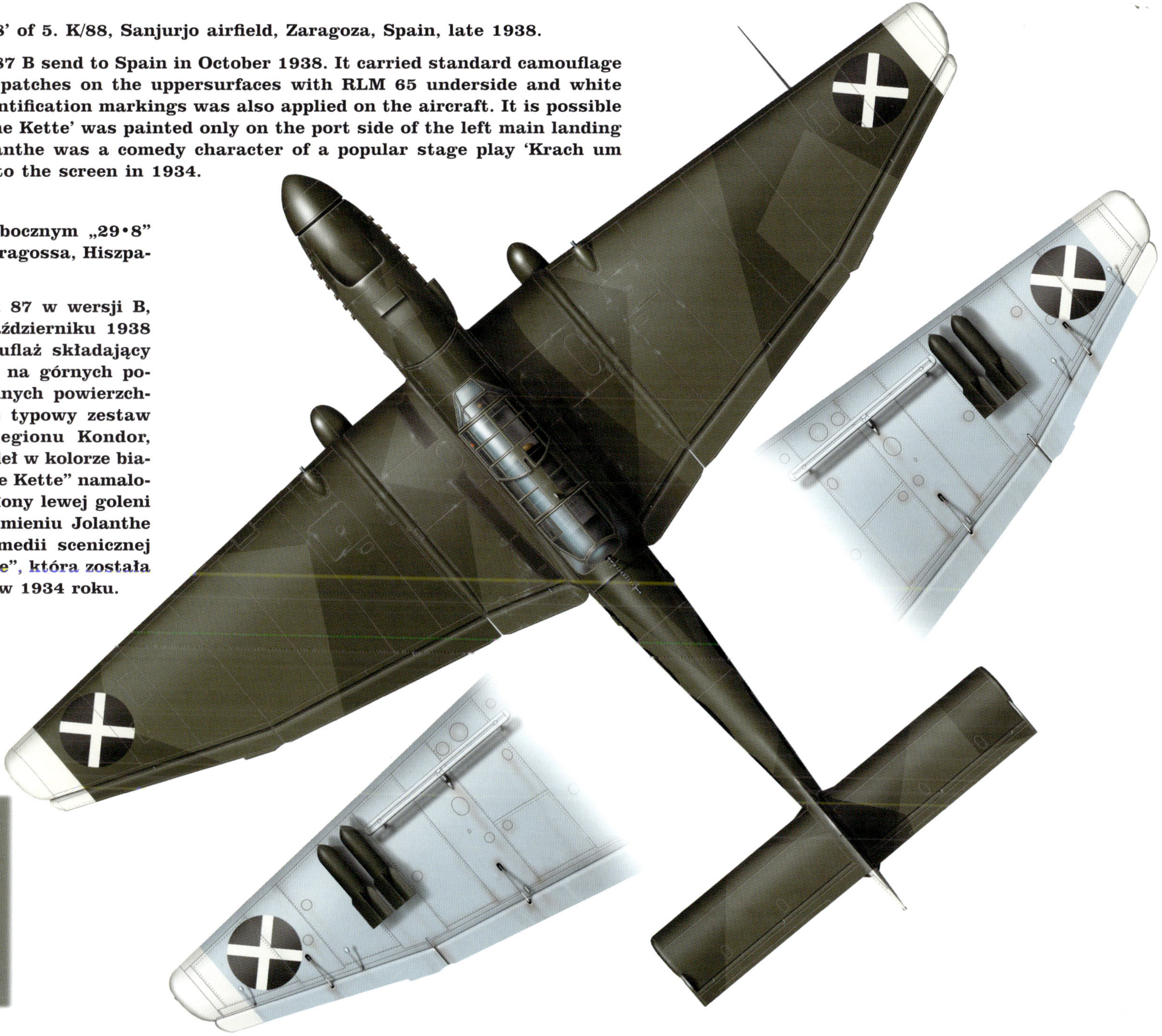

Painted by Arkadiusz Wróbel

Messerschmitt Bf 109 E-1; coded '6•119', flown by Hptm. Siebelt Reents, Staffelkapitän of 1. J/88, León, Spain, spring 1939.

The plane was camouflaged in a RLM 63/65 scheme, typical for Emils of the Legion Condor, and carried usual identification markings. Black areas were painted from the exhaust to behind the wing root on both sides of the aircraft. The 'Holzauge' (Wooden Eye) emblem of 1. J/88, introduced by Hptm. Reents, was applied under the cockpit on the port side only. Siebelt Reents took command of 1. J/88 in early September 1938 and led the unit until the end of the war in Spain. During his service in the Legion Condor Hptm. Reents achieved a single victory over a Republican Polikarpov I-15 on 6 February 1939.

Messerschmitt Bf 109 E-1; o kodzie bocznym „6•119", pilot: Hptm. Siebelt Reents, dowódca 1. J/88, León, Hiszpania, wiosna 1939 roku.

Samolot w typowym dla Emili z Legionu Kondor malowaniu w kolorach RLM 63 i 65 ze standardowymi oznaczeniami identyfikacyjnymi. Z obu stron maszyny pokryto czarną farbą obszary od okolicy rur wydechowych aż za łączenie skrzydła z kadłubem. Naniesione pod kokpitem wyłącznie z lewej strony kadłuba godło „Holzauge" (drewniane oko) ustanowił jako symbol 1.J/88 właśnie Hptm. Reents, który objął dowództwo nad tą jednostką na początku września 1938 roku i pełnił tę funkcję do końca wojny domowej w Hiszpanii. Podczas służby w Legionie Kondor pilot ten zdołał zestrzelić jednego republikańskiego Polikarpowa I-15 w dniu 6 lutego 1939 roku.

Messerschmitt Bf 109 E-1; 'Black 14' of 2.(J)/LG 2, Poland, mid-September 1939.

This machine was finished in a RLM 70/71/65 scheme. Like many other aircraft of I./(J)/LG 2 during the Polish Campaign, 'Black 14' sported personal insignia on the engine cowling. The 'Giftzwerg' (an insidious, hateful man) emblem probably referred to the Polish Minister of Foreign Affairs Józef Beck, who then was often attacked by the Nazi propaganda.

Messerschmitt Bf 109 E-1; „czarna 14" z 2.(J)/ LG 2, Polska, połowa września 1939 roku.

Ta maszyna nosiła kamuflaż w barwach RLM 70/71/65 i, podobnie jak wiele innych samolotów I.(J)/LG 2 w trakcie kampanii wrześniowej, osobisty emblemat pilota na osłonie silnika. Karykatura zatytułowana „Der Giftzwerg" (podstępny, nienawistny człowiek) najprawdopodobniej odnosiła się do polskiego ministra spraw zagranicznych Józefa Becka, w owym okresie ulubionego obiektu ataków nazistowskiej propagandy.

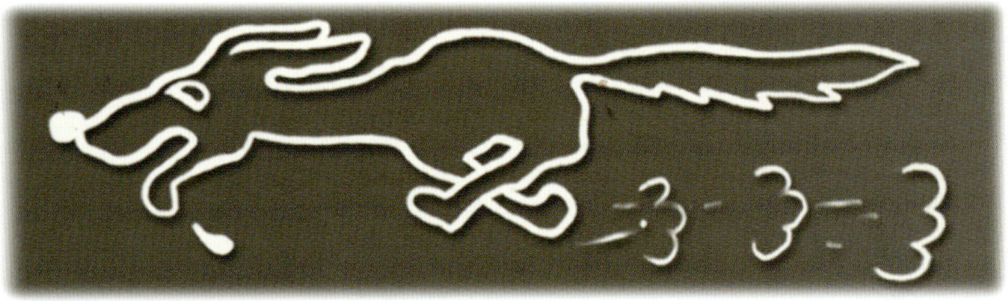

Painted by Arkadiusz Wróbel

Messerschmitt Bf 109 E-1; W.Nr. 4048, 'Yellow 7' of 3./JGr. 101, Hoya, Germany, 18 November 1939.

'Yellow 7' sported standard RLM 70/71/65 camouflage and a personal inscription 'Schlangenfuß!' in white below the windscreen. The Staffel's running fox emblem was applied on both sides of the engine cowling in simplified form of white outline only, the gun througs coated with light grey paint and yellow spinner's front are also worth notice. A distinctive feature of 3./JGr 101 planes were quite uncommon aircraft numbers painted as yellow outlines with thin black borders, which were retained even after repainting the unit's machines in RLM 71/02/65 scheme. Other Staffeln of JGr. 101 also used similar markings with interiors left in the camouflage colour. W.Nr. 4048 had an emergency landing near Hoya on 18 November 1939.

Messerschmitt Bf 109 E-1; W.Nr. 4048, „żółta 7" z 3./JGr. 101, Hoya, Niemcy, 18 listopada 1939 roku.

„Żółta 7" nosiła standardowe malowanie w kolorach RLM 70/71/65 i biały napis ‚Schlangenfuß!' pod wiatrochronem. Z obu stron osłon silnika namalowano jedynie białe kontury biegnącego lisa – godła Staffel; warto też zwrócić uwagę na jasnoszare rynienki km-ów i żółty przód kołpaka śmigła. Charakterystyczną cechą samolotów 3./JGr. 101 były dość nietypowe numery boczne w postaci żółtego konturu z cienką, czarną obwódką, zachowane także po wprowadzeniu kamuflażu w kolorach RLM 71/02/65. Podobne oznaczenia z wnętrzem pozostawionym w barwie kamuflażu stosowano także w pozostałych Staffel JGr.101. W.Nr. 4048 awaryjnie lądował w pobliżu Hoya w dniu 18 listopada 1939 roku.

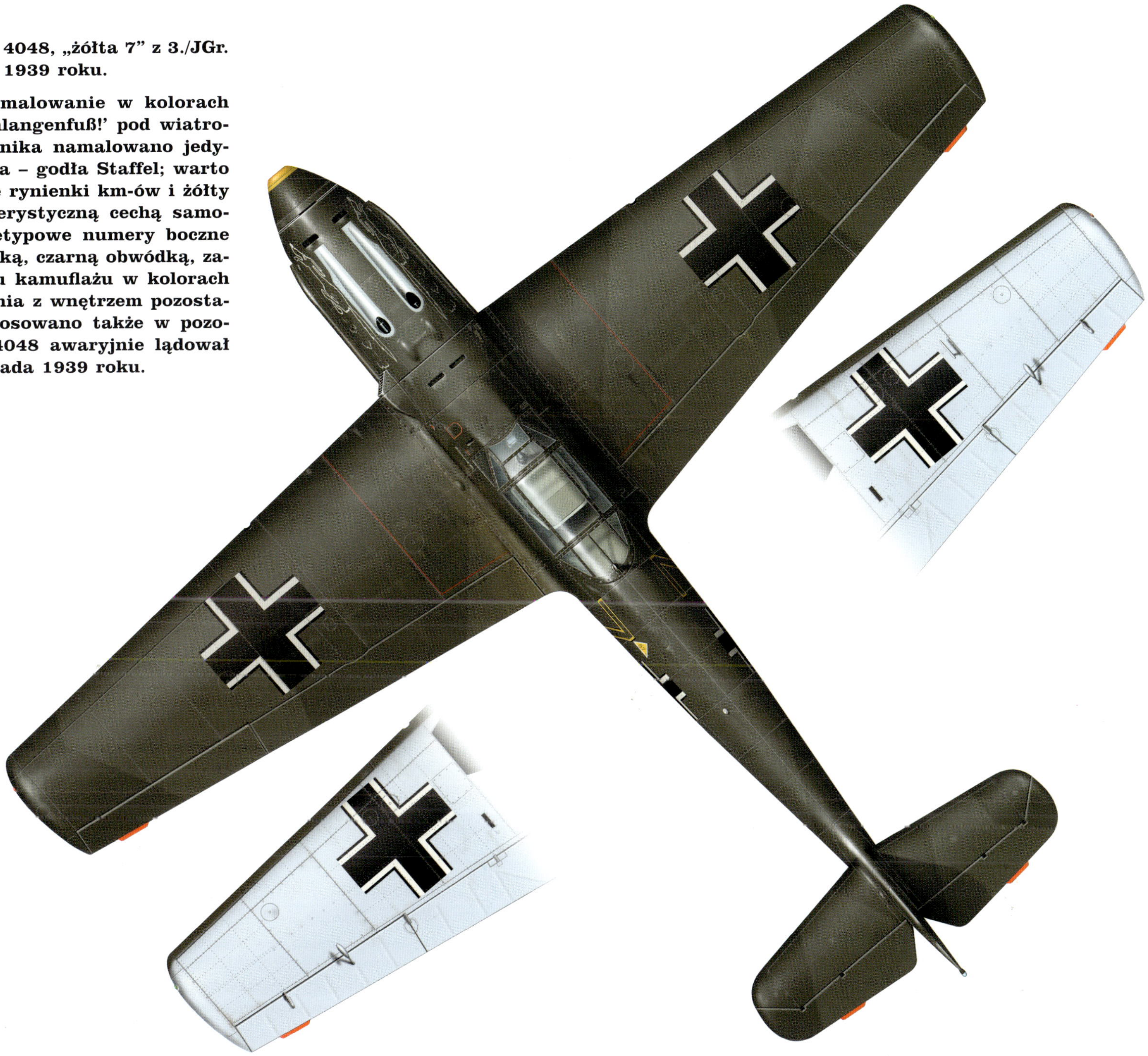

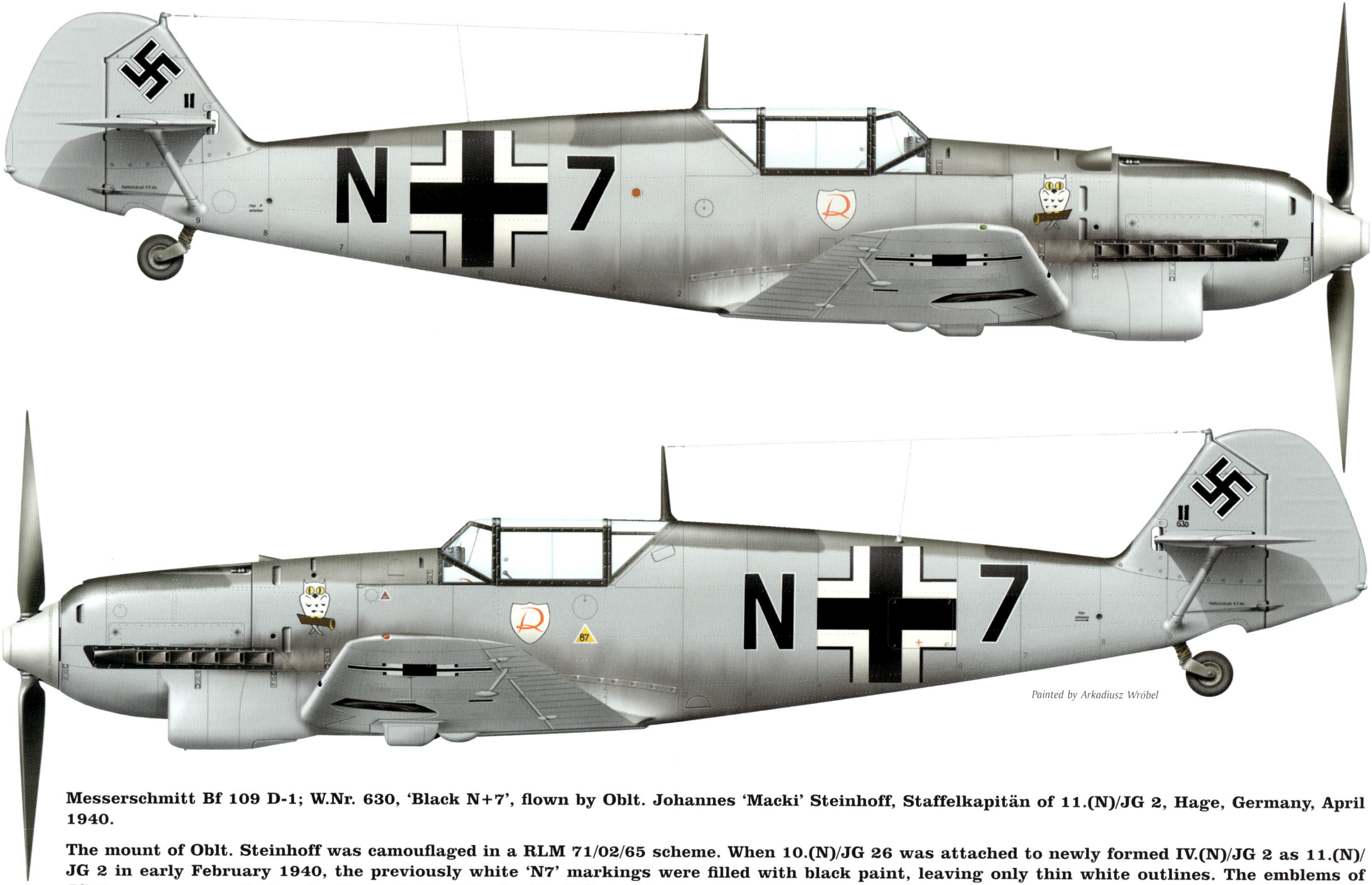

Messerschmitt Bf 109 D-1; W.Nr. 630, 'Black N+7', flown by Oblt. Johannes 'Macki' Steinhoff, Staffelkapitän of 11.(N)/JG 2, Hage, Germany, April 1940.

The mount of Oblt. Steinhoff was camouflaged in a RLM 71/02/65 scheme. When 10.(N)/JG 26 was attached to newly formed IV.(N)/JG 2 as 11.(N)/JG 2 in early February 1940, the previously white 'N7' markings were filled with black paint, leaving only thin white outlines. The emblems of JG 2 were soon applied under the cockpit while the Staffel's owl badge was painted on the engine cowling. The owl badge may have appeared on the starboard side only. The spinner was white. Please also note the canopy frames painted RLM 70 or 66, and two black victory bars on both sides of the fin. Oblt. Steinhoff claimed these two victories during the famous Battle of the Heligoland Bight on 18 December 1939. These were first two of 176 claims made by him during WW2.

Messerschmitt Bf 109 D-1; W.Nr. 630, „czarne N+7", pilot: Oblt. Johannes „Macki" Steinhoff, dowódca 11.(N)/JG 2, Hage, Niemcy, kwiecień 1940 roku.

Kamuflaż maszyny Oblt. Steinhoffa wykonano farbami RLM 71/02/65. Gdy 10.(N)/JG 26 została włączona w skład nowo sformowanej IV.(N)/JG 2 jako 11.(N)/JG 2 na początku lutego 1940 roku, pierwotnie białe oznaczenia „N7" zostały wypełnione czarną farbą. W ten sposób powstały nowe, czarne znaki z cienkimi, białymi obwódkami. Wkrótce naniesiono także obustronnie godło JG 2 na burty kabiny, zaś emblemat Staffel – sympatyczną sówkę na gałęzi – na osłonę silnika, przy czym nie ma całkowitej pewności, że sowa była obecna z lewej strony. Kołpak śmigła biały. Godne uwagi są ciemne ramy osłony kabiny w kolorze RLM 70 lub 66, a także 2 czarne symbole zwycięstw wymalowane obustronnie na stateczniku pionowym. Odzwierciedlają one zgłoszenia Oblt. Steinhoffa po bitwie nad Zatoką Helgolandzką 18 grudnia 1939 roku. Były to pierwsze 2 z ogółem 176 zwycięstw zaliczonych mu podczas II wojny światowej.

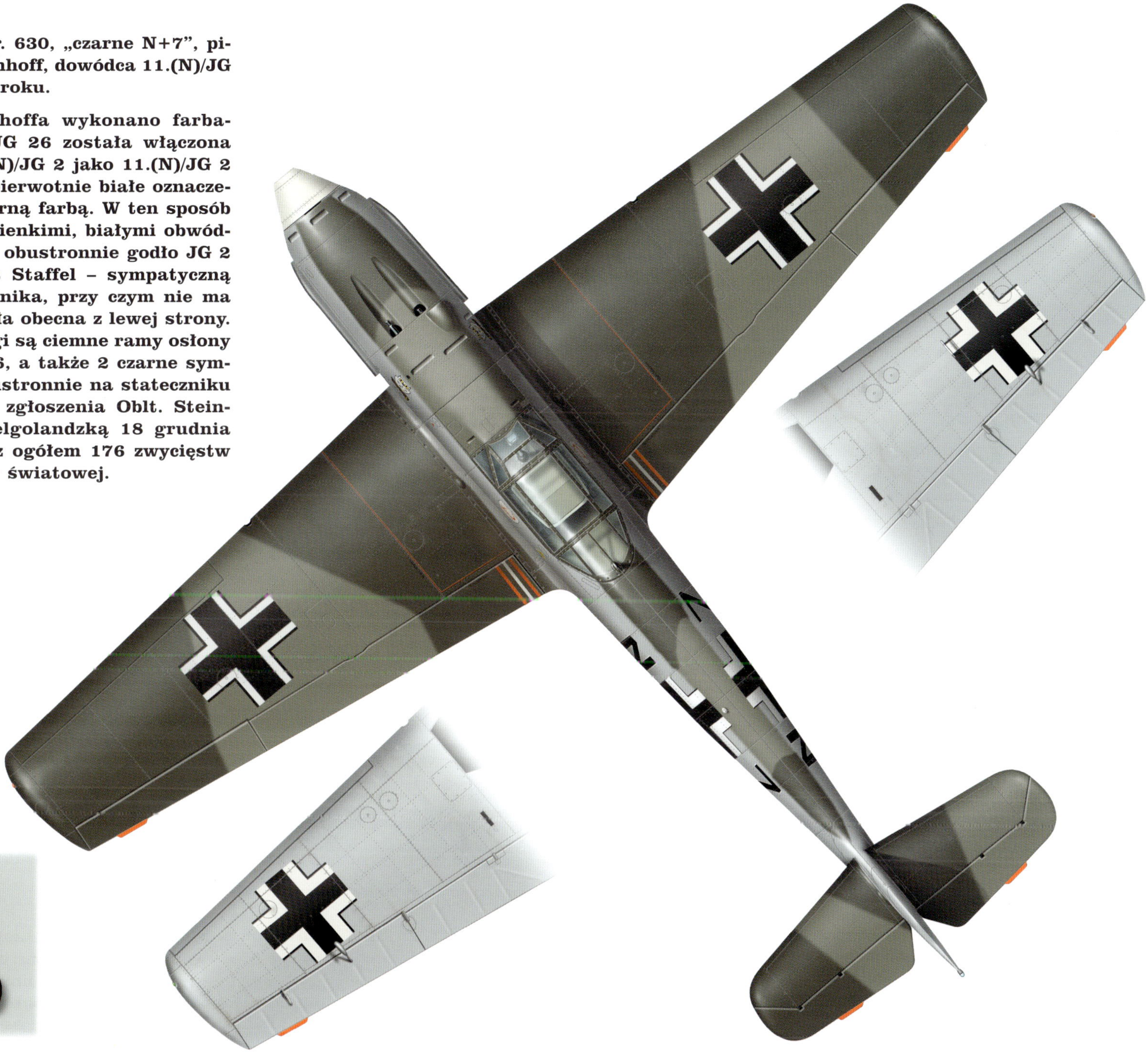

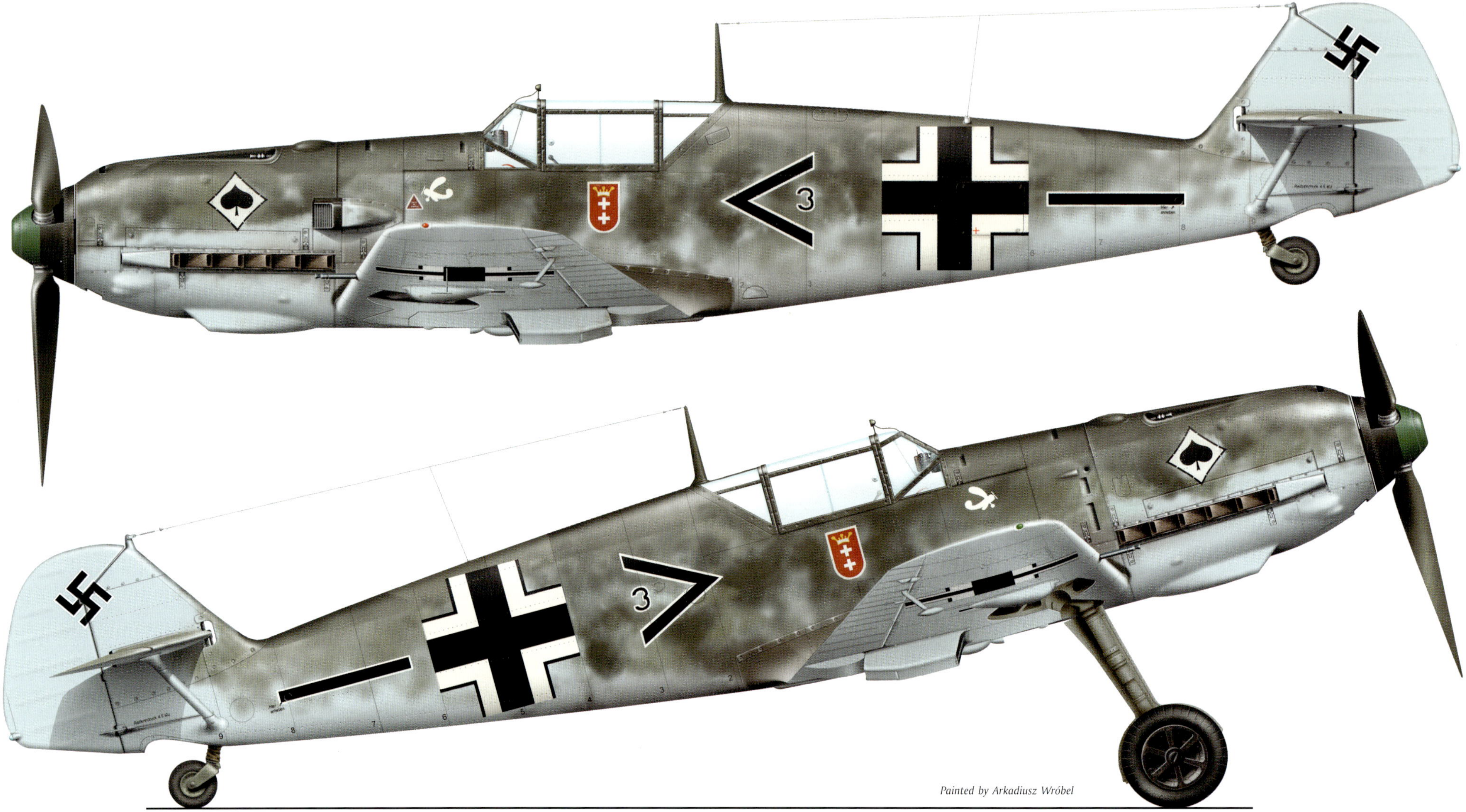

Painted by Arkadiusz Wróbel

Messerschmitt Bf 109 E-3; flown by Oblt. Wilfried Pufahl of Stab II./JG 53, Mannheim-Sandhofen, Germany, April 1940.

The standard RLM 71/02/65 camouflage of this machine was toned down with RLM 71 and 02 mottles sprayed on the fuselage sides. Only the tail was left nearly untouched, which was quite distinctive feature of II./JG 53's Emils during this period. The spinner was halved in RLM 70 and probably RLM 25. The plane sported a variety of emblems. The JG 53's 'Pik As' badge adorned the engine cowling, small stylised airplane painted white a little further was the emblem of the Gruppenstab, while Danzig (Gdańsk) city coat of arms placed under the cockpit was a personal emblem of the pilot. Please note the slightly misaligned swastikas.

Messerschmitt Bf 109 E-3; pilot: Oblt. Wilfried Pufahl ze Stab II./JG 53, Mannheim-Sandhofen, Niemcy, kwiecień 1940 roku.

Standardowy wzór w kolorach RLM 71/02/65 został przyciemniony plamkami RLM 71 i 02 natryśniętymi na boki kadłuba z wyłączeniem ogona samolotu, co w tym okresie było dość charakterystyczną cechą wyglądu Emili z II./JG 53. Przednią połówkę pokrytego RLM 70 kołpaka śmigła pomalowano prawdopodobnie farbą w kolorze RLM 25. Godne uwagi są krzywo naniesione swastyki oraz bogactwo emblematów na burtach maszyny. Osłonę silnika zdobiło godło pułku, nieco dalej znajdował się mały, biały, stylizowany samolocik – emblemat klucza sztabowego II. Gruppe, natomiast herb Gdańska pod kabiną stanowił osobiste godło pilota.

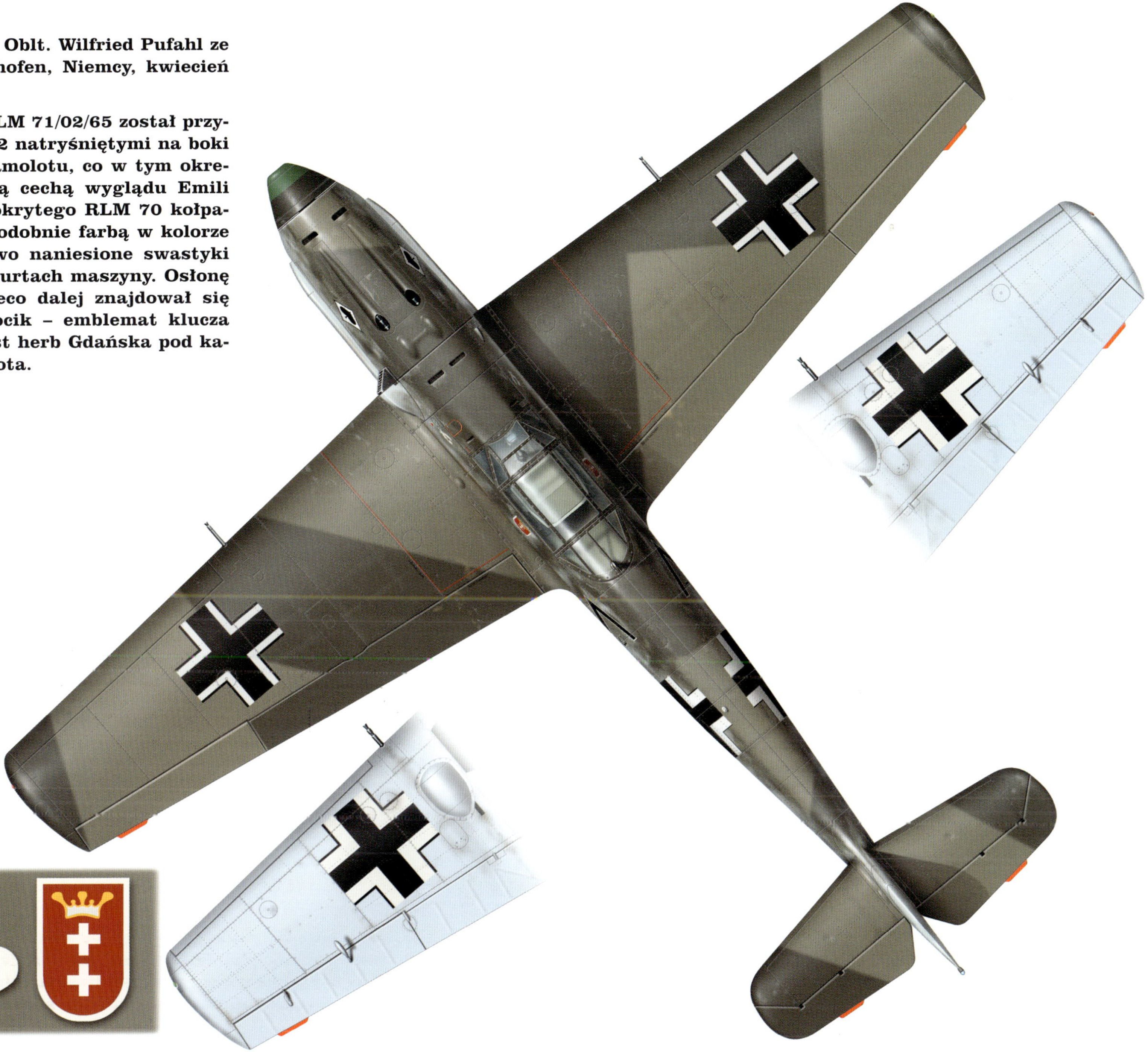

Messerschmitt Bf 110 C-2; coded 'L1+KK' of 14./LG 1, crew: Uffz. Hans Bechthold (pilot), Uffz. Wilhelm Harder (radio operator); Mannheim-Sandhofen, Germany, late spring 1940.

This aircraft was finished in a RLM 71/70/65 scheme with interiors of the fuselage crosses probably overpainted with RLM 70. The upperwing crosses with large black areas were also non-typical, but could be noticed on other planes of V.(Z)/LG 1. The individual code letter 'K' was painted red with white outline and repeated on the wings' uppersurfaces outwards the crosses. Please note that these letters were painted black on the underside. The Gruppe's emblem of a wolf's head was carried on both sides of the forward fuselage. The spinners had red tips. The aircraft was crashed during landing at Mannheim-Sandhofen on 13 May 1940 but the crew survived this accident.

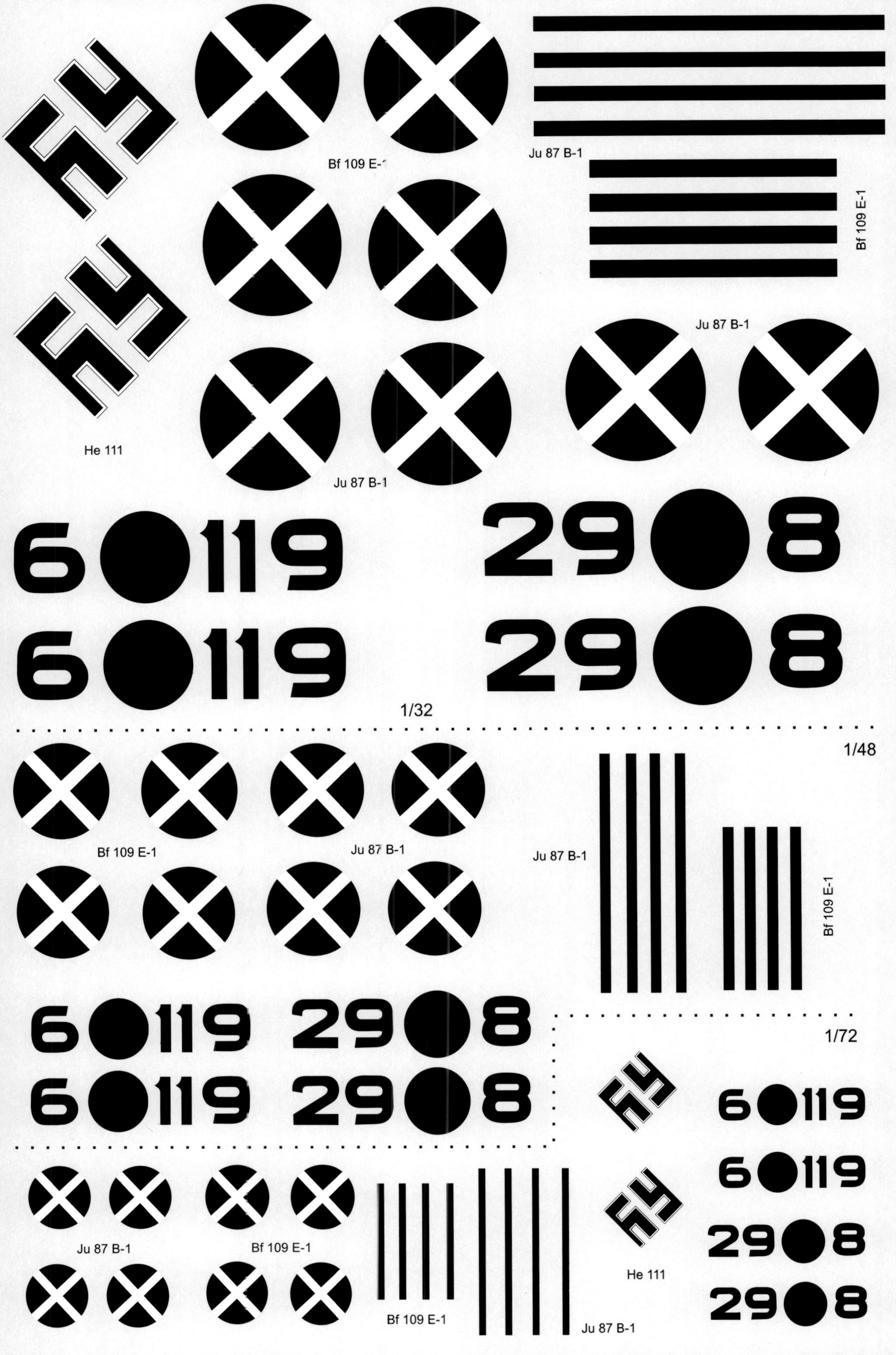

Printed by CARTOGRAF Mini TOPCOLORS No.30 (2/2) 1:32, 1:48, 1:72 Luftwaffe's Baptism of Fire Part I **KAGERO ®**

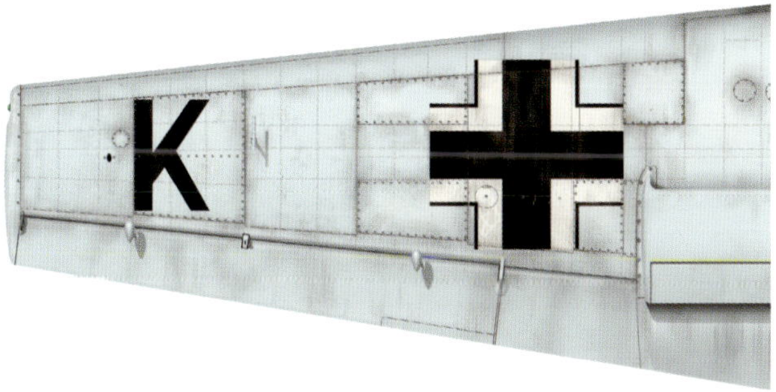

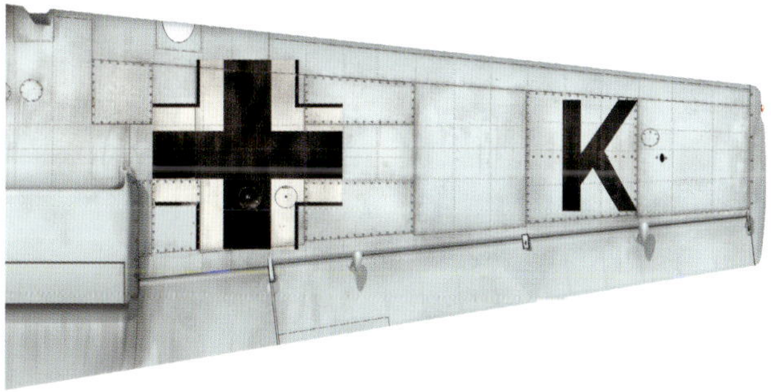

Messerschmitt Bf 110 C-2; o kodzie bocznym „L1+KK" z 14./LG 1, załoga: Uffz. Hans Bechthold (pilot), Uffz. Wilhelm Harder (radiooperator); Mannheim-Sandhofen, Niemcy, późna wiosna 1940 roku.

Samolot w kamuflażu RLM 71/70/65 z wnętrzami kadłubowych krzyży prawdopodobnie zamalowanymi farbą w kolorze RLM 70. Nietypowe krzyże o dużych czarnych polach można zauważyć również na górnych powierzchniach skrzydeł innych maszyn V.(Z)/LG 1. Indywidualna litera kodu samolotu „K" w czerwonym kolorze Staffel z białą obwódką, powtórzona w tej samej formie na górnych powierzchniach skrzydeł na zewnątrz od krzyży i w kolorze czarnym na dolnych powierzchniach. Godło Gruppe w postaci wilczej głowy wymalowano po obu stronach nosa maszyny, noski kołpaków śmigieł czerwone. Ten Bf 110 został rozbity podczas lądowania w Mannheim-Sandhofen 13 maja 1940 roku, ale załoga wyszła z wypadku bez szwanku.

Artwork caption can be found on the last page.

Heinkel He 111 P-2; o kodzie bocznym „1G+HL" z 3./KG 27, załoga: Uffz. Otto Kaiser (pilot), Hptm. Robert Sichart von Sichartshoff (dowódca-obserwator), Uffz. Gustav Bergmann (radiooperator), Uffz. Paul Kleinitzke (mechanik pokładowy); Neukuhren, Prusy Wschodnie, 15 września 1939 roku.

„1G+HL" nosił malowanie lekko zmienionego wzoru A w kolorach RLM 70/71/65. Lewą burtę kadłuba zdobiły imię maszyny „Luftikus" oraz uzupełniona o napis „tera vento" postać idącego pod wiatr wędrowca, co odnosiło się do długodystansowych lotów załogi do Włoch. Indywidualna litera kodu „H" w żółtym kolorze 3 Staffel była powtórzona w tym samym kolorze na górnych powierzchniach skrzydeł i w kolorze czarnym na dolnych powierzchniach. Kołpaki śmigieł żółte. Samolot został ostrzelany przez art. plot. podczas misji nad Polską 15 września 1939 r., wskutek czego uszkodzenia odniósł lewy silnik. Z uwagi na dużą odległość do linii frontu pilot skierował maszynę ku granicy polsko-radzieckiej i zdołał dociągnąć do Olewska. Sowieci pomogli w naprawie i oblataniu Heinkla, a 29 września Niemcy przelecieli na macierzyste lotnisko Hannover-Langenhagen, eskortowani do niemieckiej granicy przez 2 radzieckie myśliwce.